上海市工程建设规范

民用建筑可再生能源综合利用核算标准

Comprehensive utilization accounting standard for renewable energy of civil building

DG/TJ 08—2329—2020
J 15388—2020

主编单位：同济大学建筑设计研究院（集团）有限公司
　　　　　上海市建筑建材业市场管理总站
批准部门：上海市住房和城乡建设管理委员会
施行日期：2021 年 3 月 1 日

U0349692

同济大学出版社

2021　上海

图书在版编目(CIP)数据

民用建筑可再生能源综合利用核算标准/同济大学
建筑设计研究院(集团)有限公司,上海市建筑建材业市
场管理总站主编. —上海:同济大学出版社,2021.1
ISBN 978-7-5608-9668-7

Ⅰ.①民… Ⅱ.①同… ②上… Ⅲ.①再生能源-应
用-民用建筑-建筑工程-标准-研究 Ⅳ.①TU18-65

中国版本图书馆 CIP 数据核字(2021)第 007748 号

民用建筑可再生能源综合利用核算标准

同济大学建筑设计研究院(集团)有限公司
上海市建筑建材业市场管理总站 　　主编

策划编辑　张平官
责任编辑　朱　勇
责任校对　徐春莲
封面设计　陈益平

出版发行　同济大学出版社　　www.tongjipress.com.cn
　　　　　(地址:上海市四平路1239号　邮编:200092　电话:021-65985622)
经　　销　全国各地新华书店
印　　刷　浦江求真印务有限公司
开　　本　889mm×1194mm　1/32
印　　张　1.25
字　　数　34 000
版　　次　2021年1月第1版　　2021年1月第1次印刷
书　　号　ISBN 978-7-5608-9668-7
定　　价　15.00元

上海市住房和城乡建设管理委员会文件

沪建标定〔2020〕487 号

上海市住房和城乡建设管理委员会
关于批准《民用建筑可再生能源综合利用核算
标准》为上海市工程建设规范的通知

各有关单位：

由同济大学建筑设计研究院（集团）有限公司、上海市建筑建材业市场管理总站主编的《民用建筑可再生能源综合利用核算标准》，经我委审核，现批准为上海市工程建设规范，统一编号为DG/TJ 08—2329—2020，自 2021 年 3 月 1 日起实施。

本规范由上海市住房和城乡建设管理委员会负责管理，同济大学建筑设计研究院（集团）有限公司负责解释。

特此通知。

上海市住房和城乡建设管理委员会

二〇二〇年九月十五日

前　言

　　本标准是根据上海市住房和城乡建设管理委员会《关于印发〈2019 年上海市工程建设规范、建筑标准设计编制计划〉的通知》（沪建标定〔2018〕753 号）的要求，由同济大学建筑设计研究院（集团）有限公司、上海市建筑建材业市场管理总站会同有关单位共同编制完成。

　　本标准在编制过程中，编制组经广泛调查研究、认真分析总结上海市可再生能源在民用建筑中的应用经验，参考国内外先进技术及标准，并在充分征求意见的基础上，经多次讨论修改，最后审查定稿。

　　本标准共分 4 章，主要内容包括：总则、术语、基本规定、综合利用量核算等。

　　各单位及相关人员在本标准执行过程中，如有意见或建议，请反馈至上海市住房和城乡建设管理委员会（地址：上海市大沽路 100 号；邮编：200003；E-mail：bzgl@zjw.sh.gov.cn），同济大学建筑设计研究院（集团）有限公司（地址：上海市四平路 1230 号；邮编：200092），或上海市建筑建材业市场管理总站（地址：上海市小木桥路 683 号；邮编：200032；E-mail：bzglk@zjw.sh.gov.cn），以供今后修订时参考。

　　主 编 单 位：同济大学建筑设计研究院（集团）有限公司
　　　　　　　　　上海市建筑建材业市场管理总站
　　参 编 单 位：上海市地矿工程勘察院
　　　　　　　　　上海交通大学
　　　　　　　　　上海弘正新能源科技有限公司
　　起 草 人：车学娅　王　健　李　阳　徐　桓　白燕峰

王　颖　　徐晓燕　　李冬梅　　李晨玉　　归谈纯
夏　林　　洪　辉　　沈文忠　　代彦军　　王小清
封安华　　寇　利　　孙　婉　　寇玉德
主要审查人：寿炜炜　　高小平　　沈文渊　　周　强　　刘晓燕
赵欣侃　　张　凯

上海市建筑建材业市场管理总站

目　次

Contents

1 总 则

1.0.1 为促进民用建筑可再生能源应用,根据《中华人民共和国节约能源法》《中华人民共和国可再生能源法》《上海市建筑节能条例》《国务院关于促进光伏产业健康发展的若干意见》等有关法律、法规和政策规定,结合本市的气候特点和经济技术发展现状,制定本标准。

1.0.2 本标准适用于设计阶段新建民用建筑可再生能源综合利用量的核算。改建建筑、扩建建筑技术条件相同时也可执行。

1.0.3 当科学实验类建筑、数据中心建筑中的办公部分建筑面积大于该建筑总面积的 40% 时,其办公部分应符合本标准的规定。

1.0.4 民用建筑可再生能源综合利用量核算,除应符合本标准外,尚应符合国家、行业和本市现行有关标准的规定。

2 术 语

2.0.1 可再生能源建筑应用 renewable energy application in buildings

在建筑供热水、采暖、空调和供电等系统中,采用太阳能、地热能等可再生能源系统提供全部或者部分建筑用能的应用形式。

2.0.2 非住宅类居住建筑 non-residential building

在本标准中特指宿舍建筑、旅馆建筑、养老院建筑、幼儿园、托儿所建筑。

2.0.3 集热器总面积 gross solar energy collector area

整个集热器的最大投影面积,不包括那些固定和连接传热工质管道的组成部分,单位为平方米(m^2)。

2.0.4 太阳能热水系统 solar hot water system

将太阳能转换成热能以加热水的热水系统。通常包括太阳能集热器、贮热水箱、泵、连接管道、支架、配电、配合使用的辅助能源及控制系统、防雷设施等,对于集中供热水系统,还应包括热水供应系统。

2.0.5 太阳能与空气源热泵热水系统 solar energy and air-source heat pump water heating system

在太阳能热水系统中集成空气源热泵热水装置,作为系统辅助热源的热水系统。

2.0.6 太阳能光伏系统 solar photovoltaic(PV) system

利用太阳电池的光伏效应将太阳辐射能直接转换成电能的发电系统,简称光伏系统。

2.0.7 地源热泵系统 ground-source heat pump system

以岩土体、地下水或地表水为低温热源,由水源热泵机组、地热能交换系统、热泵机房辅助设备组成的冷热源系统。根据地热能交换系统形式的不同,地源热泵系统分为地埋管地源热泵系统、地下水地源热泵系统和地表水地源热泵系统。

2.0.8 可再生能源综合利用量核算系数 comprehensive conversion coefficient of renewable energy utilization

单位建筑面积可再生能源利用量最低核算要求的设置量,折算成等效电单位为 $kWh/(m^2 \cdot a)$,折算成标煤单位为 $kgce/(m^2 \cdot a)$。

2.0.9 可再生能源综合利用量 comprehensive utilization of renewable energy

基地内建筑物一年中各种可再生能源建筑综合应用应提供的可再生能源用量的累积,折算成等效电单位为 kWh/a,折算成标煤单位为 $kgce/a$。

2.0.10 可再生能源建筑应用中的常规能源年替代量 annual substitution value of conventional energy in renewable energy building applications

太阳能热水系统、太阳能光伏系统、地源热泵系统等可再生能源在建筑应用中可替代的常规能源(如天然气、煤、电等)的量。折算成等效电单位为 kWh/a,折算成标煤单位为 $kgce/a$。

3 基本规定

3.0.1 民用建筑应根据可再生能源建筑应用的资源条件,合理采用太阳能热水系统、太阳能光伏系统、地源热泵系统。在经济、技术可行的条件下也可采用其他可再生能源建筑应用系统。

3.0.2 可再生能源建筑应用系统应与建筑一体化设计,并应同步施工、同步验收。

3.0.3 可再生能源建筑应用可按下列情况选用:

    1 住宅建筑、非住宅类居住建筑及体育场馆、医院、公共文化设施等有生活热水需求的公共建筑应优先选用太阳能热水系统;其他公共建筑宜优先选用太阳能光伏系统。

    2 设置集中空调系统且技术、经济、环境条件允许的情况下,宜选用地源热泵空调系统。

3.0.4 民用建筑可再生能源应用可结合项目特点,采用多种类型的可再生能源系统组合配置。

3.0.5 可再生能源系统应设置能量计量装置。

4 综合利用量核算

4.1 公共建筑、非住宅类居住建筑

4.1.1 公共建筑、非住宅类居住建筑,其可再生能源的综合利用量应根据建设用地内许可的地上计入容积率的总建筑面积核算。

4.1.2 建设项目的可再生能源综合利用量应按照下式计算:

$$Q_L = E \times S \qquad (4.1.2)$$

式中:Q_L——可再生能源综合利用量(kWh/a 或 kgce/a);

E——可再生能源综合利用量核算系数(按表4.1.3取值);

S——地上计容总建筑面积(m^2)。

4.1.3 可再生能源综合利用量可按照等效电核算也可按照标煤核算,各类建筑的可再生能源综合利用量核算系数见表4.1.3。

表 4.1.3 各类建筑可再生能源综合利用量核算系数

| 建筑类型 | 可再生能源综合利用量核算系数 | | | |
| | 现行值 | | 先进值 | |
	等效电 [kWh/ ($m^2 \cdot a$)]	标煤 [kgce/ ($m^2 \cdot a$)]	等效电 [kWh/ ($m^2 \cdot a$)]	标煤 [kgce/ ($m^2 \cdot a$)]
非住宅类居住建筑	2.8	0.8	8.7	2.5
办公建筑	5.2	1.5	6.9	2.0
商业建筑	2.4	0.7	7.3	2.1
医院建筑	4.2	1.2	12.2	3.5
公共文化设施	5.9	1.7	8.0	2.3

续表4.1.3

建筑类型		可再生能源综合利用量核算系数			
		现行值		先进值	
		等效电 [kWh/ $(m^2 \cdot a)$]	标煤 [kgce/ $(m^2 \cdot a)$]	等效电 [kWh/ $(m^2 \cdot a)$]	标煤 [kgce/ $(m^2 \cdot a)$]
教育建筑		3.8	1.1	5.2	1.5
体育场馆	体育场	1.0	0.3	1.4	0.4
	体育馆	2.4	0.7	3.5	1.0
	游泳馆	6.9	2.0	9.0	2.6

注：1. 非住宅类居住建筑包括旅馆、宿舍、养老院、幼儿园、托儿所等；
2. 办公建筑包括机关办公、企业办公和商用办公等；
3. 商业建筑包括百货店、购物中心、超市及仓储库、餐饮店、浴场等；
4. 医院建筑包括社区卫生服务中心、护理院等；
5. 公共文化设施包括图书馆、博物馆、展览馆、演出剧院、社区文化中心、少年宫等；
6. 教育建筑包括大、中、小学校及职业学校等。

4.1.4 具有多种建筑功能组合的综合体建筑，其可再生能源综合利用量应根据各类建筑功能的建筑面积分别计算后相加得到。

4.1.5 建设用地容积率大于4.0的公共建筑，因可再生能源建筑应用条件受限而不能满足本标准第4.1.2条要求的核算量时，可再生能源综合利用量应通过专项技术论证。

4.1.6 可再生能源建筑应用的常规能源年替代量总量不应小于可再生能源综合利用量，常规能源年替代量应根据能源系统种类和建筑类型按表4.1.6取值。

表4.1.6 常规能源年替代量

可再生能源 应用系统	材料/建筑类型/设置位置/供能类型	常规能源年替代量	
		等效电 (kWh/a)	标煤 (kgce/a)
太阳能热水 系统	集热器设置于屋面	$288 \times A_c$	$83 \times A_c$
	集热器设置于立面	$160 \times A_c$	$46 \times A_c$

可再生能源应用系统	材料/建筑类型/设置位置/供能类型		常规能源年替代量	
			等效电 (kWh/a)	标煤 (kgce/a)
太阳能光伏系统	晶硅	光伏板设置于屋面	$199 \times A_d$	$57 \times A_d$
		光伏板设置于立面	$110 \times A_d$	$31 \times A_d$
	薄膜		$114 \times A_d$	$33 \times A_d$
地源热泵系统	供空调供暖系统	非住宅类居住建筑	$260 \times Q'$	$75 \times Q'$
		办公建筑	$94 \times Q'$	$27 \times Q'$
		商业建筑	$142 \times Q'$	$41 \times Q'$
		医院建筑	$142 \times Q'$	$41 \times Q'$
		公共文化设施	$76 \times Q'$	$22 \times Q'$
		教育建筑	$94 \times Q'$	$27 \times Q'$
		体育场馆	$132 \times Q'$	$38 \times Q'$
	供生活热水系统		$2\,844 \times Q_d$	$819 \times Q_d$

注: A_c 为太阳能集热器外框尺寸总面积(m^2);

$\quad A_d$ 为太阳能光伏板外框尺寸总面积(m^2);

$\quad Q'$ 为由地源热泵提供的空调供暖热负荷(kW);

$\quad Q_d$ 为由地源热泵提供的生活热水系统的平均日供热水量(m^3/d)。

4.1.7 采用太阳能与空气源热泵热水系统作为可再生能源系统时,可将太阳能热水系统的常规能源年替代量加上空气源热泵的常规能源年替代量,空气源热泵的常规能源年替代量按表 4.1.7 取值。

表 4.1.7 空气源热泵的常规能源年替代量

太阳能集热器设置位置	等效电(kWh/a)	标煤(kgce/a)
屋面	$(4\,347 \times Q_d - 132 \times A_c)$	$(1\,252 \times Q_d - 38 \times A_c)$
立面	$(4\,347 \times Q_d - 73 \times A_c)$	$(1\,252 \times Q_d - 21 \times A_c)$

注: Q_d 为太阳能与空气源热泵热水系统的平均日供热水量(m^3/d);

$\quad A_c$ 为太阳能集热器外框尺寸总面积(m^2)。

4.2 住宅建筑

4.2.1 住宅建筑生活热水应首选太阳能热水系统，太阳能集热装置可设在屋面、阳台板、外墙等部位。

4.2.2 当采用太阳能热水系统时，不同层数住宅建筑采用太阳能热水系统的配置量应符合下列规定：

    1 六层及六层以下的住宅建筑应为全体住户配置太阳能热水系统。

    2 七层至十二层的住宅建筑应为上部六层住户配置太阳能热水系统。

    3 十三层及十三层以上的住宅应为用地内不少于50%的住户配置太阳能热水系统。

4.2.3 采用太阳能光伏系统或地源热泵系统等其他可再生能源系统的住宅建筑，应按本标准第4.1.2条的规定计算可再生能源综合利用量，其可再生能源综合利用量核算系数应按表4.1.3中非住宅类居住建筑取值。

4.2.4 住宅建筑采用不同可再生能源系统的常规能源年替代量应按表4.1.6取值，其中地源热泵系统的常规能源年替代量应按表4.1.6中非住宅类居住建筑的类型取值。

4.2.5 建设用地容积率大于3.0的住宅建筑，因可再生能源建筑应用条件受限而不能满足本标准第4.2.2条或第4.2.3条要求的核算量时，可再生能源综合利用量应通过专项技术论证。

本标准用词说明

1 为便于在执行本标准条文时区别对待，对要求严格程度不同的用词说明如下：

　　1）表示很严格，非这样做不可的用词：

　　　正面词采用"必须"；

　　　反面用词采用"严禁"。

　　2）表示严格，在正常情况下均应这样做的用词：

　　　正面词采用"应"；

　　　反面词采用"不应"或"不得"。

　　3）表示允许稍有选择，在条件许可时首先应这样做的用词：

　　　正面词采用"宜"；

　　　反面词采用"不宜"。

　　4）表示有选择，在一定条件下可以这样做的用词，采用"可"。

2 标准中指明应按其他有关标准执行时，写法为："应符合……的规定（或要求）"或"应按……执行"。

引用标准名录

1 《公共建筑节能设计标准》GB 50189
2 《住宅建筑绿色设计标准》DGJ 08—2139
3 《公共建筑绿色设计标准》DGJ 08—2143

上海市工程建设规范

民用建筑可再生能源综合利用核算标准

DG/TJ 08—2329—2020
J 15388—2020

条文说明

2021　上海

目　次

Contents

1 总 则

1.0.1 可再生能源建筑应用的规模随着建筑节能、低能耗建筑的推进在逐步扩大,除太阳能热水系统外,地源热泵系统和太阳能光伏系统也得到了大量的应用。发展可再生能源的利用,减少碳排放是绿色建筑的重要组成,也是当今我国确保绿水青山、可持续发展的基本国策。

在项目规划建设、设计的初期,无论是相关主管部门的管理还是建筑设计方案,迫切需要对可再生能源的利用量进行核准与核算,使可再生能源建筑应用从粗线条的定性要求转变为精细化管理的定量指标,从建筑的示范项目发展为建筑的普遍应用。通过编制本标准,可以在项目规划、立项、方案等前期阶段,实现可再生能源的定量化核算,促进民用建筑可再生能源的综合利用、推动可再生能源建筑应用的发展。为实现住建部建筑节能与绿色建筑发展十三五规划中提出的:城镇可再生能源替代民用建筑常规能源消耗比重超过 6% 的总体目标奠定基础。

1.0.2 改建建筑、扩建建筑因受到基本条件限制,其改造的部分和扩建的部分可按本标准执行。

1.0.3 公共建筑中的科学实验类建筑、数据中心建筑,因其功能要求、用能性质和用能量等有特殊要求,不同于普通公共建筑,该类建筑可酌情执行本标准。

2 术 语

2.0.2 本标准中将虽具有居住功能但又不同于住宅建筑的宿舍、旅馆、养老院、幼儿园和托儿所建筑定义为非住宅类居住建筑,这些建筑大都是由公共活动空间、住宿空间和辅助配套空间组成,其使用功能和用能特点基本相似,这是本标准中的专用术语,主要是为了根据用能特点,便于可再生能源的利用量核算,与其他规范标准的定义范围有所区别,故仅限于本标准使用。

2.0.9 基地内指相关规划文件指定的项目用地范围内。

3 基本规定

3.0.1 其他可再生能源应用系统可采用专项认证、项目审批等方式核算其可再生能源综合利用量。

3.0.3 各类民用建筑应根据建筑类型和使用特点选用适宜的可再生能源系统。本条提出了可再生能源系统适合的建筑类型。

第1款，主要针对适合采用太阳能作为可再生能源的建筑类型。生活热水是住宅、非住宅类居住建筑必须具备的基本生活条件，应将太阳能热水系统作为可再生能源的首选。体育场馆、医院病房楼、公共文化设施等建筑中都会有集中生活热水的需求，如体育场馆的淋浴热水、医院病房楼的卫生间盥洗热水、公共文化设施中观演场所演员化妆更衣淋浴的热水等，因其热水需求量较大，适合选用太阳能热水系统。对于虽有生活热水需求，但热水用量很小且用水点较为分散的公共建筑，则不适合选用太阳能热水系统(不宜采用太阳能热水系统的公建类型和场所，参见现行上海市工程建设规范《公共建筑绿色设计标准》DGJ 08—2143 的相关条文及条文说明)，这类公共建筑和其他没有热水需求的公共建筑的可再生能源宜优先选用太阳能光伏系统。

第2款，地源热泵系统在冬季有较好的节能效益，对于有集中空调系统且有条件设置地源热泵系统的项目(如宾馆、医院、低层住宅、办公等建筑)可优先选用地源热泵系统。为了保证地源热泵系统运行时取热量和释热量的平衡，在上海地区应对地源热泵系统配置辅助措施，其形式的选用应根据建筑负荷特点经过计算后确定。上海地区建筑的冷负荷往往大于热负荷，因此，通常会考虑热回收或冷却塔作为辅助措施。

3.0.4 可再生能源建筑应用并不局限只选用一种可再生能源。

当选用一种类型的可再生能源而不能满足核算标准要求时,应根据项目特点与自身条件选用多种可再生能源组合配置,以满足综合利用量核算要求。

例如,某公共建筑有生活热水需求,但这部分用能量在整个项目中占比较小,虽然优先选用太阳能热水系统,还是不能满足可再生能源综合利用量核算要求。在这种情况下,还应采用太阳能光伏、地源热泵等其他可再生能源的组合配置,使得两种或三种可再生能源系统提供的常规能源年替代量之和满足核算要求。

4 综合利用量核算

4.1 公共建筑、非住宅类居住建筑

4.1.1 太阳能热水、太阳能光伏、地源热泵都可以作为公共建筑和非住宅类居住建筑的可再生能源应用系统。可再生能源的综合利用量按照地上建筑面积总量核算是基于可再生能源设置的特点和基础条件考虑的,公共建筑和非住宅类居住建筑的主要使用功能大都在地上的建筑面积内,地下建筑面积中虽然会有一定的使用功能,但大部分是车库和机电设备机房等辅助用房所用,且在项目初期规划用地方案时,难以确定地下建筑使用功能的具体面积,核算的可操作性欠缺。当然,也会有些公共建筑以地下建筑面积为主,甚至地下建筑面积大于地上建筑面积,但这类建筑比较特殊,地上面积小也导致设置可再生能源系统的条件受限,因此本条明确规定可再生能源的综合利用量应根据地上建筑面积总量核算,考虑到出屋面的楼梯间、电梯机房及设备用房等不超过屋顶面积 1/8 的是不计入建筑容积率的,且都是非主要用能的建筑面积,故可再生能源的综合利用量是以计入容积率的总建筑面积为核算基础。

4.1.3 建设项目的可再生能源综合利用量核算提出了按照等效电计算或标煤计算不同用能单位的核算系数,以满足建设项目不同部门的管理要求。表 4.1.3 中有现行值和先进值,现行值是基本要求,先进值是考虑下一步新的发展要求,鼓励建设项目采用先进值为节能减排作出更大的贡献。可再生能源综合利用量核算系数体现了上海市近年来公共建筑合理用能指南的科学性,是

以现行上海市合理用能指南中各类建筑的合理用能指标乘以常规能源替代比例得到的。

以上海市地方标准《综合建筑合理用能指南》DB31/T 795—2014、《大型商业建筑合理用能指南》DB31/T 552—2011、《市级医疗机构建筑合理用能指南》DB31/T 553—2012、《大型公共文化设施建筑合理用能指南》DB31/T 554—2015、《高等学校建筑合理用能指南》DB31/T 783—2014、《大中型体育场馆建筑合理用能指南》DB31/T 989—2016、《星级饭店建筑合理用能指南》DB31/T 551—2011 中的先进值为基础,确定了公共建筑、非住宅类居住建筑常规能源消耗指标详见表1。

表1 公共建筑、非住宅类居住建筑年综合能耗指标

建筑类型		常规能源消耗指标[kgce/(m² · a)]
非住宅类居住建筑		41
办公		25
商业		35
医疗		58
公共文化设施		29
教育建筑		19
体育场馆	体育场	5
	体育馆	12
	游泳馆	33

合理用能指南中的用能单位为标煤,为方便核算,可将标煤折算为等效电,折算系数为 1 kWh 电＝0.288 kgce 标煤。

可再生能源综合利用量核算系数的提出与实现国家与上海市的建筑节能与绿色建筑发展规划总体目标有关。建筑节能与绿色建筑发展规划总体目标要求城镇可再生能源替代民用建筑常规能源消耗比重超过 6%,由于各类建筑的使用功能、用能情况及可再生能源利用的自身条件不同,其可再生能源应用在常规能

源中所占的比例也会存在较大差异，要求所有建筑的可再生能源替代民用建筑常规能源消耗比重超过 6％不尽合理，也不利于可操作性。为了推动可再生能源应用，实现绿色建筑发展的总体目标，本标准编制组在课题研究及标准编写过程中对约 100 个实际工程项目案例进行测算分析，其中有住宅建筑 9 个，宿舍、旅馆、幼儿园等非住宅类居住建筑 17 个，办公建筑 14 个，商业建筑 10 个，公共文化设施 16 个，教育建筑 12 个，医院建筑 12 个，体育场馆 10 个。测算结果显示，除非住宅类居住建筑、商业建筑和医院建筑外，其他建筑类型基本均能通过 30％的屋面面积设置太阳能光伏板或集热器以满足 6％的常规能源替代比例要求，故此类建筑的可再生能源综合利用量核算系数的现行值按照 6％的常规能源替代比例确定，先进值按照 8％的常规能源替代比例确定。

非住宅类居住建筑、商业建筑和医院建筑受条件所限较难达到 6％常规能源替代比例，这类建筑的可再生能源综合利用量核算系数现行值根据测算项目的整体情况略有降低，但其先进值按 6％的常规能源替代比例确定。

本标准编制组在调查中发现，医院建筑根据用途分为有热水需求和无热水需求的医院建筑。其中，无热水需求的医院建筑（如卫生服务中心或不设病房楼的医院）普遍采用太阳能光伏系统作为可再生能源，其常规能源替代比例约可达到 3％；大部分医院都有生活热水需求，基本上都会采用太阳能热水系统作为可再生能源，其常规能源最大替代比例仅为 2％。因此，医院建筑按 2％的常规能源替代比例确定其可再生能源综合利用量核算系数的现行值，按 6％的常规能源替代比例确定先进值。非住宅类居住建筑、商业建筑等常规能源替代比例同样较难满足 6％的目标，这类建筑类型均按替代比例 2％确定可再生能源综合利用量核算系数的现行值，按 6％确定先进值。

对公共文化设施、体育场馆等建筑造型和外观有特殊要求的建筑类型，可采用太阳能光伏发电系统或结合太阳能热水系统满足可再生能源综合利用量核算要求。当各类建筑具备采用地源热泵系统的条件时，仅采用此一种可再生能源，即能满足现行值，甚至达到先进值。

由此可见，可再生能源替代民用建筑常规能源消耗比重6%的目标，并非统一摊派给不同类型的建筑，而是根据建筑类型的特点和条件的具备有所区别，以求通过权衡，总体达到可再生能源替代民用建筑常规能源消耗比重超过6%的目标。

建设项目前期方案中，应根据项目计入容积率的地上总建筑面积，按照4.1.2条的公式和表4.1.3的核算系数，计算出项目应采用的可再生能源综合利用量。计算举例如下：

某医院建筑总用地面积7 935 m²，容积率为2.87，总建筑面积42 186 m²，其中计入容积率的地上建筑面积22 773 m²。将表4.1.3医院建筑的核算系数（等效电）代入计算，得出该项目的可再生能源综合利用量现行值、先进值：

1 按现行值计算

医院建筑的核算系数为4.2 kWh/(m² · a)，则该项目的可再生能源综合利用核算量为

$$Q_L = 4.2 \times 22\ 773 = 95\ 647\ kWh/a$$

2 按先进值计算

医院建筑按等效电的核算系数为12.2 kWh/(m² · a)，则该项目的可再生能源综合利用核算量为

$$Q_L = 12.2 \times 22\ 773 = 277\ 831\ kWh/a$$

3 结论

该项目可再生能源综合利用量按现行值执行，应配置等效电为95 647 kWh/a的可再生能源应用；按先进值执行，应配置等效电为277 831 kWh/a的可再生能源应用。

4.1.4 具有多种建筑功能的综合体建筑，可以根据其使用特点和自身条件，采用不同种类的可再生能源，但应按建筑功能选取相

应的核算系数,并根据对应的建筑面积计算其可再生能源综合利用量。本条明确了包含多种建筑功能的综合体建筑可再生能源综合利用量计算要求。计算案例如下:

某商业综合体,总用地面积 18 789.9 m^2,容积率为 3.5,地上计容总建筑面积 65 765 m^2,其中办公建筑面积 57 602 m^2,商业建筑面积 8 163 m^2。按等效电计算该综合体建筑的可再生能源综合利用核算量(现行值)。

可再生能源综合利用核算系数按表 4.1.3 取值,办公建筑为 5.2 $kWh/(m^2 \cdot a)$,商业建筑为 2.4 $kWh/(m^2 \cdot a)$。

办公建筑的可再生能源综合利用核算量:$Q_{L办公} = 5.2 \times$ 57 602 $= 299\ 530$ kWh/a。

商业建筑的可再生能源综合利用核算量:$Q_{L商业} = 2.4 \times$ 8 163 $= 19\ 591$ kWh/a。

该综合体建筑总的可再生能源综合利用量:$Q_L = Q_{L办公} +$ $Q_{L商业} = 319\ 121$ kWh/a。

结论:该项目的可再生能源核算量不应小于 319 121 kWh/a。

4.1.5 按照上海市控制性详细规划技术准则,上海市主城区商业服务业和商务办公用地的规划容积率除个别地区外,大都控制在 4.0 以下,新城、新市镇商业服务业用地和商务办公用地的规划容积率均在 3.0 以下。容积率大于 4.0 的建设项目一般以超高层建筑居多,因其建筑面积大,室外空地和屋顶面积等自身条件有限,若按照 4.1.2 条核算可再生能源综合利用量,在实际操作和具体落实中会有一定的难度,这类项目的可再生能源利用无法满足本标准的核算量时,应对其可再生能源利用量及技术措施的合理性进行专项论证。

若由于建设项目条件受限,采用多种可再生能源仍不能满足本标准可再生能源利用量核算要求时,则应通过购买绿色电力作为可再生能源核算量的一部分,并提供相关证明。购买绿色电力应符合《上海市绿色电力认购营销试行办法》(沪府办发〔2005〕

20 号)的有关规定。

4.1.6 不同种类的可再生能源的常规能源年替代量是有区别的,本条明确了可再生能源综合利用量替代常规能源用量的计算取值,该计算只适用于可再生能源利用量要求的核算判定,不可作为可再生能源实际产生的利用量,可再生能源实际产生的替代能耗应以运行阶段产生的能量扣除消耗的能量。鼓励在实际使用中采用高效率产品。

本条中不同种类的可再生能源应用在各类公共建筑中的常规能源年替代量计算参数,是通过课题研究的众多案例分析计算总结得出,实际工程设计中只需将表 4.1.6 中的参数代入计算,即可得出相应的常规能源年替代量。表中的太阳能集热器外框尺寸总面积 A_c、太阳能光伏板外框尺寸总面积 A_d、由地源热泵提供的空调供暖热负荷 Q'、由地源热泵提供的平均日供热水量 Q_d 等参数的取值应符合相关规范的规定,光伏发电系统设计需考虑冬至日 9:00—15:00,不允许有明显遮挡。

常规能源年替代量计算案例:

同 4.1.4 条文说明的案例。该项目建筑屋面可利用面积约为 2 900 m²。由 4.1.4 条案例计算得知,该项目可再生能源综合利用量(现行值)为 319 121 kWh/a。

项目内设有厨房餐饮,有生活热水需求,平均日热水用水定额(q_r)为 7.0 L/(人次·d),用水数量(S)为 4 080 人次,平均日热水用量为 28.56 m³/d。可再生能源应用拟采用太阳能热水系统,太阳能集热器总面积 A_c=455 m²。

1 太阳能热水系统的常规能源年替代量按表 4.1.6 取值为 288×A_c。

$$Q_{t热水} = 288 \times 455 = 131\ 040\ \text{kWh/a}$$

计算得出的太阳能热水系统的常规能源年替代量 131 040 kWh/a＜319 121 kWh/a,不能满足 4.1.2 的核算要求,故尚需增加其他种类的可再生能源,基于项目可利用的屋顶面积,拟增设太阳能光伏系统。

2 需增设的太阳能光伏系统常规能源年替代量($Q_{t光伏}$):

$$Q_{t光伏} = Q_L - Q_{t热水} = 319\ 121 - 131\ 040$$
$$= 188\ 081\ \text{kWh/a}$$

太阳能光伏的常规能源年替代量按表 4.1.6 取值为 $199 \times A_d$,求出满足可再生能源综合利用量至少所需的太阳能光伏系统晶硅光伏板面积(A_d)。

$$A_d = Q_{t光伏}/199 = 188\ 081/199 = 945\ \text{m}^2$$

由此得出,该项目除采用太阳能热水之外,还应设置 945 m² 的太阳能晶硅光伏板,才能满足可再生能源综合利用量的核算标准。该项目采用了太阳能热水系统和太阳能光伏系统两种可再生能源,其利用屋顶面积为 455+945=1 400 m²,项目屋面可利用面积约 2 900 m²,具备较好的利用太阳能条件,故本项目可以通过设置太阳能热水系统和太阳能光伏系统两种可再生能源,达到可再生能源综合利用量的核算标准。由于等效电与标煤的换算在第 4.1.3 条核算系数和本条计算参数时二次误差累计,采用等效电或标煤的替代量反算太阳能集热或光伏面积时可能会有少量误差。

4.1.7 上海地区为夏热冬冷地区,采用高效空气源热泵作为太阳能热水系统的辅助热源,比电、燃气等常规辅助热源具有更好的节能效果。因此当采用高效空气源热泵作为太阳能热水系统的辅助热源时,其节能量可以计入常规能源年替代量中。太阳能与空气源热泵热水系统中,空气源热泵的节能量是通过热水系统供热量,减去太阳能供热量,并扣除热水系统消耗的电能计算而来。

以 4.1.4 和 4.1.6 条文说明中的项目为例:该项目可再生能源综合利用量(现行值)为 $Q_L=319\ 121$ kWh/a。项目内设有厨房餐饮,有生活热水需求,平均日热水用水定额(q_r)为 7.0 L/(人次·d),用水数量(S)为 4 080 人次,平均日热水用量为 28.56 m^3/d。项目设置一套太阳能与空气源热泵热水系统,供应厨房餐饮热水,系统平均日供热水量 Q_d＝28.56 m^3/d,太阳能集热器外框尺寸总面积 A_c＝455 m^2。

1 空气源热泵的常规能源年替代量(等效电)按表 4.1.7 取值。

$$Q_{t空气源} = 4\ 347 \times Q_d - 132 \times A_c$$
$$= 4\ 347 \times 28.56 - 132 \times 455 = 64\ 090\ kWh/a$$

太阳能的常规能源年替代量(等效电)按表 4.1.6 取值。

$$Q_{t太阳能} = 288 \times A_c = 131\ 040\ kWh/a$$

则太阳能与空气源热泵热水系统的常规能源替代总量为

$$Q_{t热水} = 64\ 090 + 131\ 040 = 195\ 130\ kWh/a$$

计算得出的太阳能与空气源热泵热水系统的常规能源年替代量 195 130 kWh/a,对比不采用空气源热泵的太阳能热水系统的常规能源替代量 131 040 kWh/a,大于其 64 090 kWh/a,但仍小于 319 121 kWh/a,不满足第 4.1.2 条的核算要求,尚需增加太阳能光伏系统。

2 需增设的太阳能光伏系统常规能源年替代量($Q_{t光伏}$):

$$Q_{t光伏} = Q_L - Q_{t热水} = 319\ 121\ kWh/a - 195\ 130\ kWh/a$$
$$= 123\ 991\ kWh/a$$

太阳能光伏的常规能源年替代量按表 4.1.6 取值为 $199 \times A_d$,求出至少所需太阳能光伏系统晶硅光伏板面积(A_d)。

$$A_d = Q_{t光伏}/199 = 123\ 991/199 = 623\ m^2$$

由此得出,该项目除采用太阳能与空气源热泵热水系统之外,还应设置623 m^2的太阳能晶硅光伏板,才能满足可再生能源综合利用量的核算标准。该项目采用太阳能与空气源热泵热水

系统和太阳能光伏系统两种可再生能源,其利用屋顶面积为
455+623＝1 078 m²,项目屋面可利用面积约 2 900 m²,故本项
目可以通过设置太阳能与空气源热泵系统和太阳能光伏系统两
种可再生能源,达到可再生能源综合利用量的核算标准。此案例
说明,采用太阳能与空气源热泵热水系统后,其可再生能源应用
的屋顶面积比不采用空气源热泵的太阳能热水系统少占屋顶面
积 322 m²,适用于可利用屋顶面积较小的建设项目。

4.2　住宅建筑

4.2.1　住宅建筑有生活热水需求,故太阳能热水系统是住宅建筑
最为适用的可再生能源。太阳能热水系统应与建筑一体化设计,
可结合住宅建筑的特点和物业管理运行方式,采用分散式或集中
式热水系统,集中式可利用屋面,分散式可利用阳台栏板或外墙
设置太阳能集热装置。

4.2.2　《上海市建筑节能条例》规定,住宅建筑六层以下必须为全
体住户设置太阳能生活热水,为了满足建筑节能和绿色建筑发展
总体规划对可再生能源应用的要求,本条规定了六层以上的多
层、高层住宅选用太阳能热水系统时适合的配置量。考虑到建筑
日照的情况,为了获得较好的太阳能资源,并不强求六层以上的
住宅为全体住户配置太阳能热水系统,本条第 2 款所述上部六层
是指从建筑顶层开始往下起算的六层。本条第 3 款要求为用地
内不少于 50%的住户配置太阳能热水系统,主要考虑建设项目可
结合用地内的日照条件灵活布置太阳能热水系统,太阳能热水系
统配置的总量可在用地内平衡,对于日照条件较好的高层住宅,
可多配置太阳能热水系统以弥补日照条件相对较差的住宅建筑
配置的不足,并不强制要求每栋住宅都必须配置不少于 50%的
住户。

　　基于《上海市建筑节能条例》,只规定了六层及六层以下的住

宅配置太阳能热水系统,故在现阶段将其作为住宅可再生能源综合利用的现行值,七层及七层以上的住宅配置太阳能热水系统作为可再生能源综合利用的先进值。

住宅建筑的可再生能源应用符合本条第 1 款、第 2 款、第 3 款规定,即可视为满足可再生能源综合利用量核算标准要求,无需再进行核算。

4.2.3 本条明确允许住宅建筑选用除太阳能热水系统以外的其他可再生能源系统,但必须按照住宅建筑的地上计容总建筑面积,核算其可再生能源的综合利用量,其核算系数取值同非住宅类居住建筑。

参考计算案例如下:

某住宅居住小区项目,地上计入容积率总建筑面积为 90 000 m²;拟采用除太阳能热水以外的其他可再生能源系统,需核算其可再生能源综合利用量。

按表 4.1.3 选取非住宅类居住建筑等效电的核算系数 E 为 2.8 kWh/(m²·a),由此可得住宅建筑可再生能源综合利用量: $Q_L = E \times S = 2.8$ kWh/(m²·a) $\times 90\ 000$ m² $= 252\ 000$ kWh/a。

4.2.4 住宅建筑选用除太阳能热水系统以外的其他可再生能源系统时,其可再生能源应用的常规能源年替代量计算与公共建筑、非住宅类居住建筑相同,均应符合表 4.1.6 的要求,住宅建筑采用地源热泵系统作为可再生能源应用时,地源热泵系统的常规能源年替代量应按表 4.1.6 中非住宅类居住建筑取值。

相关案例计算如下:

同 4.2.3 条文说明的项目,该项目的住宅建筑屋面可利用面积约为 3 000 m²,空调热负荷为 4 185 kW;拟采用太阳能光伏系统或地源热泵系统。

1 太阳能光伏系统,拟利用建筑屋顶设置 2 000 m² 太阳能晶硅光伏板。

根据表 4.1.6 选取替代量参数 $199 \times A_d$,$A_d = 2\ 000$ m²。

太阳能光伏系统的常规能源年替代量：$199 \times 2\ 000 = 398\ 000\ kWh/a > 252\ 000\ kWh/a$。

由此可知，该项目设置 $2\ 000\ m^2$ 太阳能晶硅光伏板的常规能源年替代量大于其可再生能源综合利用量的要求，符合可再生能源的核算标准规定。

也可根据可再生能源综合利用量的核算指标及表 4.1.6 的计算参数反求所需太阳能光伏晶硅板的最小面积，即：$A_d = Q_{t光伏}/199 = 252\ 000/199 = 1\ 266\ m^2$。

2 地源热泵系统：

根据表 4.1.6，若要满足可再生能源综合利用量核算要求，则由地源热泵系统提供的常规能源年替代量 $260 \times Q' \geqslant Q_L$，即由地源热泵系统提供的空调供暖热负荷为

$$Q' \geqslant Q_L/260 = 252\ 000/260 = 969\ kW$$

所需地源热泵系统提供的空调供暖热负荷小于项目总热负荷，可通过设置地源热泵系统满足可再生能源综合利用量核算要求。

4.2.5 按照上海市控制性详细规划技术准则，上海市主城区住宅用地的规划容积率，大都控制在 3.0 以下，新城、新市镇住宅办公用地的规划容积率均在 2.5 以下。容积率大于 3.0 的住宅建筑一般以高层建筑居多，因其建筑面积大，室外空地和屋顶面积等自身条件有限，若按照 4.2.2 条或 4.2.3 条核算可再生能源综合利用量，在实际操作和具体落实中会有一定的难度，当这类项目的可再生能源利用无法满足本标准的核算量时，应对其可再生能源利用量及技术措施的合理性进行专项论证。

若由于建设项目条件受限，采用多种可再生能源仍不能满足本标准可再生能源利用量核算要求时，则应通过购买绿色电力作为可再生能源核算量的一部分，并提供相关证明。购买绿色电力应符合《上海市绿色电力认购营销试行办法》（沪府办发〔2005〕20 号）的有关规定。